不用烤箱做點心

Ellson的 快 手 甜 點
加量不加價版

夢幻料理長 Ellson 著

朱雀文化

不用烤箱，做個甜點高手

當我們出門逛街、上西餐廳吃飯、流連咖啡館時，時常被透明櫥窗裡一個個小巧可愛、以五顏六色妝點的異常可愛、精緻的甜點所吸引，總習慣買幾個回家好好享用。不知道你是否想過要自己做甜點？也許很多人都說：「那樣材料準備起來太麻煩、自己家裡沒有烤箱、沒那麼多時間……」，即使這些理由聽起來都有道理，但其實現在許多地方都買得到材料，而且花一點點時間，不用烤箱也能做出美味的甜點，還能充分享受樂趣。

如果家裡沒有烤箱或不喜歡烤箱烘焙的重口味甜點，告訴你，像軟綿綿的慕斯、吃起來口感滑嫩的奶酪、果凍和布丁、街頭巷尾最流行的可麗餅、鬆餅和銅鑼燒、夏天不可不吃的冰砂和水果盤，還有手工巧克力等，都是不費時、好吃且不用烤箱就能完成的甜點。

隨著現代人飲食觀念的改變，除了飯麵等正餐要求製作時間簡單迅速，就連飯後小插曲、下午茶主角——甜點，也希望能簡單做兼超美味，所以，這本經過特別設計，不需用烤箱就能做點心的食譜，相信最能符合大家要求，你只要按照書中材料的比例、步驟一步步做，無論是甜點初學者或老手，相信都能輕而易舉做出美味甜點！這次書籍改版，我再加入了幾道點心，同樣不用烤箱就能完成，讓大家有更多的選擇。

Ellson

Contents

慕斯 & 慕斯蛋糕
Mousse

Contents

奶酪＆布丁＆果凍
Panna còtta&Pudding&Jelly

可麗餅＆鬆餅＆薄餅
Crêpe&Waffle&pan cake

冰砂 & 水果
Slush&Ice cream&Fruit

濃濃巧克力
Chocolate

特別加贈
Special gift

哪些點心不用烤箱做？

真想做些好吃的甜點，但家裡又沒有烤箱，沒關係，有些甜點是不用烤箱就能做出來的，一樣好吃，而且做法還更簡單，工具也不需要準備太多，實在太方便了！以下幾類甜點就是不用烤箱也能完成的，你一定要試試！

1.慕斯類

大多的慕斯都是用蛋糕來做底層，那就得用到烤箱，不過本書中要教大家用市售餅乾或鬆餅做底層，相當方便。而慕斯要做得好吃，得注意在打發蛋白的過程中，發泡的程度要控制得宜（參照本書p.12），這樣拌出來的慕斯才會鬆綿。

2.奶酪、果凍類

大多是利用吉利丁的凝固力做出軟的凍類，當然也有人用吉利T或洋菜粉，口感略有差異，你可依自己喜好或材料特性選擇。有時做的果凍太硬，可將吉利丁量減少，做出的奶酪和果凍口感比較適中。

3.布丁類

有的布丁是用烤箱烤出來的，告訴你另一種方法，就是用蒸的，有點像蒸蛋，只要溫度控制好，蒸出來的布丁也一樣好吃。

4.可麗餅、鬆餅類

是利用平底鍋製作的甜點，先以蛋、牛奶、水和麵粉調出麵粉汁，再倒入平底鍋裡煎成薄餅，可麗餅吃起來較脆，鬆餅則較鬆軟，兩種都可以搭配水果、奶油和冰淇淋一起吃，是歐美人早餐和下午茶中最常出現的點心。

5.冰砂、雪碧類

是利用果汁機、冰砂機製做的甜冰品，利用機器可以高速打碎材料的原理做成，而雪碧的做法雖然和冰砂一樣，但在一般餐廳中，是當有兩道主菜時，在兩道主菜中間推出用以清除口腔味道，功用不太相同。

6.巧克力製品類

利用巧克力遇到100℃會融化的原理，進而製成各種點心。製作這類點心時，可選擇苦甜巧克力做材料，以隔水加熱的方式融化巧克力（參照本書p.13），再加其他材料，就能製作多種巧克力點心。

7.其他

還有些點心也是不用烤箱就能完成，像甜湯、炸水果、自製甜酒、醃水果等，都是好吃且做法簡單，本書中也都有告訴你做法，你一定要親自嘗試看看。

工具介紹

就像做菜需要鍋鏟，煮飯用電鍋、電子鍋，無論再怎麼簡單的甜點也需要準備些基本的工具，有了這些工具，並以正確方法使用，你才能做出和食譜裡一樣漂亮的幕斯、蛋糕、果凍。

磅秤
有傳統式和電子磅秤兩種，用傳統磅秤即可，但要測量精密克數時，使用電子磅秤較佳。

量杯‧量匙
量杯有透明塑膠製、鋁製和玻璃製等，可選擇刻度標明最清楚的來用。倒入液體後，必須從量杯旁以平視角度來測量。量匙則可測量數量較少的材料。

打蛋器
分成手動式與電動式兩種。如果只是製作少量的甜點，不一定要買電動式的，簡單的鐵絲條狀打蛋器即可。但若想製作多人份的甜點，一台電動式打蛋器是不可或缺的，電動式打蛋器還有手持式和桌上立式的。

篩網
加入過篩的粉類時可用大粉篩，最後加入可可粉、咖啡粉等做甜點裝飾時，使用小粉篩較適合。

攪拌盆
有不鏽鋼、塑膠、玻璃製的製品，不鏽鋼盆適合隔水加熱融化東西，塑膠盆適合攪拌鮮奶油、麵糊等。可同時準備不同大小的攪拌盆，依攪拌物的量決定大小盆。

慕斯模‧蛋糕模 布丁、果凍模
慕斯模是空心的，有各種不同形狀的，像六角形、正方形、圓形、愛心形和橢圓形等。蛋糕模則是有底的模具，也有像正方形、圓形、愛心等形狀，是做蛋糕會用到的模型，本書中製作慕斯蛋糕底層時也會用到。另外，布丁果凍模是用來裝布丁、果凍液使其成型的器具。

擠花袋和花嘴
是最傳統的蛋糕、甜點裝飾用具，以不同的花嘴搭配擠花袋，可製作不同的奶油花，將鮮奶油、餡料等填入擠花袋內後再擠出即可。

材料介紹

這是一本最簡單的甜點食譜，不用烤箱就可以完成，你是不是很想馬上試試？尤其是初次想嘗試製作的人，會碰到的最棘手問題，應該就是「認識材料」了，每種材料都有獨特的味道及特性，先認識材料，將有助於你迅速完成每道想吃的甜點，減少失敗的機會。

水果類

西洋梨
皮綠肉白的青色洋梨最常見，帶有蘋果香，肉質較粉的適合用來做甜點，也可用罐頭西洋梨取代。

草莓
鮮紅欲滴、酸中帶甜的草莓冬春兩季最常見，可做甜點的餡料或做裝飾。

香吉士
就是進口的柳橙，皮和果肉都可用於做甜點，外皮切絲可做醬汁，果肉可做餡料，果汁則可做果凍、布丁。

柳橙
汁多味甜，除了果肉最常被人拿來做甜點外，黃色皮也常被拿來做菜或甜點。

黑櫻桃
可買到新鮮的或罐頭包裝的，甜點材料的常客，多做蛋糕、派、果凍或甜點裝飾等。

奇異果
吃來酸甜，多切片或切丁用於製作甜點，可做派、餡料、果汁或甜點裝飾等。

黃蕃茄
小粒的味道較酸，做甜點時需加入些甜味，也可拿來做沙拉、冰砂、水果盤或甜點裝飾等。

紅蕃茄
吃起來較甜，可拿來做沙拉、冰砂、水果盤或甜點裝飾等。

綠葡萄
皮為青綠色且較薄，可做果汁、沙拉、餡料、醬汁或甜點裝飾等。

水蜜桃
6、7月盛產，吃起來汁多甜美，可選較硬的來做甜點。

香蕉
多切片用在甜點裡，可做派、果泥等。

蘋果
可選較脆硬的蘋果來做甜點，像做派、果汁、沙拉、水果甜湯等。

桔子
和金桔一樣，味道很香，可做果汁、果醬或甜點裝飾等。

火龍果
外皮紅紫色，果肉是白色，帶有點點黑子，微甜。可做冰砂、沙拉或甜點裝飾等。

乳、蛋製品類

全蛋
整顆雞蛋，除增加香味、發泡作用外，還可讓甜點澎鬆，亦當著色使用。

牛奶
可增加奶香味，可買一般瓶裝或盒裝的鮮奶來用。

馬斯卡彭起司
是白色乳脂、質地細緻柔軟未經發酵的起司，奶味香濃，以做提拉米蘇最為著名。

奶油
就是牛油，通常做餅乾、派和蛋糕時會用到。拿來做蛋糕可使蛋糕較滑順，做可麗餅則可使煎出來的餅較不黏鍋。

鮮奶油
有植物性（含糖）和動物性（不含糖）兩種，植物性打發時較穩定，但不適合加熱，而動物性打發時要加糖才會穩定，也較耐熱。鮮奶油打發後，因乳脂含量較高，可增加慕斯蛋糕、奶酪的鬆軟感。

奶油起司
一般常見的是白色長條狀的包裝，在牛奶中加入鮮奶油做成，有濃厚的奶香味，質地柔軟滑潤。

糖類

細砂糖
又叫顆粒特砂糖，白色細顆粒狀，除增加甜味，還有助於動物性鮮奶油及蛋的打發。

糖粉
又叫霜糖，很細的白色粉末，多用來做點心裝飾用，也可將糖粉加入動物性鮮奶油或蛋白，打發較穩定。

果糖
較接近天然的糖，對身體較好，通常用來打冰砂用。

二砂
一般家庭都會準備的棕色砂糖，多了一點糖烤過的香味，適合用在做甜點、調製飲料、製作餡料等。

蜂蜜
有獨特的香味，可單獨搭配鬆餅食用，也可以加入甜點、飲料、冰砂中增加甜味和香氣。

粉類

麵粉
低筋麵粉是用軟質冬麥製成,質地較細緻,是做西點時最常使用到的麵粉,筋性較低,多做較鬆軟蛋糕、餅乾。中筋麵粉則是混合軟質、硬質冬麥而成,很多甜點都用這種筋度的麵粉,如薄餅、泡芙等。而高筋麵粉是用硬質冬麥或春麥製成,筋性較高,適合做麵包,也叫麵包麵粉。

肉桂粉
以肉桂的樹皮和根部製成,氣味強烈,多用在小西餅、蛋糕、派或東南亞水果甜點上增加香氣,像蘋果派、香蕉慕斯蛋糕或搭配卡布奇諾咖啡等。

糯米粉
因大多用來做湯圓,又叫元宵粉,黏度較高。

可可粉
粉末狀,是純的巧克力粉,帶有濃厚的巧克力味道。

抹茶粉
大多用來增加抹茶特有的味道和顏色。

凝固劑

吉利丁
是由動物骨頭裡提煉出來的膠質,有片狀和粉狀兩種,做凝固劑使成品能定型,如奶酪、果凍、慕斯蛋糕等需要冷藏的甜點。

香料類

香草精
有液體、粉狀和新鮮的香草條,液體的香草精較容易買到。做甜點時滴入,可增加味道、去除蛋的異味。

新鮮薄荷
用來做甜點裝飾和增添香氣,也可清除口中油膩感,保有清涼口氣。

乾躁薄荷
乾燥後的薄荷葉,同樣也有香氣,但不若新鮮的好。

乾燥薰衣草
乾燥後的薰衣草,放入甜點中可增加味道。

乾燥玫瑰
乾燥後的玫瑰花,放入甜點中可增加味道。

乾燥菊花
乾燥後的菊花,尤其黃色的菊花香氣更重,放入甜點中可增加味道。

酒類

白蘭地
添加適量的酒在甜點裡，可提味、增加香氣、使口感更有變化。

卡魯哇酒
一種咖啡酒，當香味酒使用，味道超甜，要注意量的使用，最常用在製作提拉米蘇上。

白酒
通常拿來做料理，可增加香氣，在做沙巴漾時還可去除蛋的異味。

裝飾類

苦甜巧克力
是巧克力純度較高的巧克力磚，苦多於甜，適合做甜點。

巧克力片
有圓片、長條片、菱形片或不規則圖樣的，通常用來裝飾甜點，可豐富視覺。

白巧克力片
不含巧克力液，呈乳白色，添加了牛奶、糖和香料，吃起來較甜，多用來做甜點裝飾。

其他

活性乾酵母
味道較淡，可用於製作優格或發麵包。

紫米
味道香，吃起來很Q，加入糖製做成八寶飯、紫米甜粥、紫米小點心都很適合。

酥皮
用麵粉和牛油做成，散發出一股濃厚的奶油味，用在製作酥皮濃湯、千層酥等。

沙拉油
做某些甜點時加入些許沙拉油，可增加香味，且甜點成品的口感會更滑潤。

紅豆
可做甜點的餡料，如銅鑼燒，但甜度較高，但是需注意量的使用。

果醬
新鮮水果製成，甜度較高，可搭配可麗餅、薄餅、鬆餅、吐司等一起吃。

話梅
可用來做調味和增加香味。

簡單甜點基本功

製作甜點，還是離不開打發蛋白、打發蛋黃、打發鮮奶油或軟化吉利丁這些步驟，這是最基本的功夫，而且並沒有想像中那麼難，只要知道正確的步驟，選用適合的器具，一步步慢慢做，一定可以馬上就學會，在家自己做好吃的甜點。以下這幾個動作，就是你現在必須學習的。

 分蛋 利用分蛋器來分蛋是最簡單的方法，於分蛋器下放一容器，將蛋殼打破後倒入分蛋器中，蛋白部分會從分蛋器的空隙流入底下的容器中，蛋黃則留在分蛋器上。

打發蛋黃 將蛋黃和糖倒入鋼盆中，以打蛋器打發至呈濃稠的乳白色，以手勾起蛋黃糊不會斷掉。

 打發蛋白 先選擇一個不含任何油脂、水分的容器，倒入蛋白（蛋白中完全不能有任何蛋黃），以打蛋器攪拌，剛開始時會呈粗粒泡沫狀，加入細砂糖，繼續攪拌至以打蛋器倒勾蛋白而不會墜落。

 打發鮮奶油 先準備一盆冰水和一個鋼盆，將鮮奶油倒入鋼盆中，下面墊一盆冰水，以打蛋器打發，打至體積增大數倍，且鮮奶油泡黏在打蛋器上不會掉落。

融化巧克力

巧克力不含水，不可直接放在火上以熱融化。

先選擇一個較小一點的鋼盆，徹底擦乾，放入切碎或切片的巧克力，小鋼盆下再放一個盛裝水的稍大鋼盆後開始加熱，等底盆的水沸後熄火，隔熱水不停攪拌至巧克力融化，但千萬注意不可打發，以避免產生氣泡。

打發奶油

將已經軟化的奶油和糖倒入鋼盆中，以打蛋器攪拌至呈乳白色，體積增大即可。

粉類過篩

為避免粉類結塊而不利於和其他材料混合，像容易結塊的低筋麵粉使用前一定要過篩，長期放在冰箱裡保存的麵粉使用前也一定要多過篩幾次才行。

吉利丁軟化

先準備一盆冰水，放入吉利丁，等吉利丁軟化後再將其放入其他材料當中。

不用烤箱
做點心

Mousse

慕斯・慕斯蛋糕

芒果慕斯、綠葡萄慕斯、提拉米蘇……，
最新鮮的水果加上濃濃奶香味，
不用烤箱就能完成的時尚甜點，
一看到這些五顏六色的慕斯，
真想馬上吃一口！

芒果慕斯蛋糕
mango mousse

12人份

材料

慕斯：
芒果泥300克、糖75克、蛋白3顆、蛋黃3顆、鮮奶油250c.c.、吉利丁6片

蛋糕底層：
奇福餅乾（ritz crackers）1桶（1,000克）、奶油900克、香草精少許

其他：
新鮮薄荷少許、芒果1顆、紅莓1顆

做法

1. 取一鋼盆，放入奶油加熱成融化奶油。
2. 奇福餅乾搗碎，加入香草精、奶油拌勻，放入杯子做蛋糕底層。
3. 取一鋼盆，先放入蛋黃和一半的糖邊隔水加熱邊打至變成乳白色，待溫度快達65℃時，加入用冰水泡軟後的吉利丁打勻，續入芒果泥再打均勻。
4. 取一鋼盆，倒入鮮奶油打發，再和做法3、芒果丁拌勻。
5. 取一鋼盆，倒入蛋白和另一半的糖打發，再和做法4.拌勻。
6. 取將做法5.倒入做法2.杯中，放入冰箱冷藏30分鐘後取出，上面放新鮮薄荷、芒果丁、紅莓裝飾即可。

Tips

1. 芒果丁最好在做法4.時就加入，這樣吃起來會比較好吃，味道比較均衡。
2. 辨別65℃的方法：手指洗乾淨後伸入欲測量的液體中，覺得已稍微有點溫度，且手指可以持續放一下也不會燙手，即約65℃。
3. 奇福餅乾每桶約1,000克，在頂好超市就買得到。

10 人份 綠葡萄慕斯
green grapes mousse

材料

慕斯：

葡萄泥300克、糖75克、蛋白3顆、蛋黃3顆、鮮奶油250c.c.、吉利丁6片

其他：

去皮綠葡萄10顆、紅莓1顆

做法

1. 取一鋼盆，先放入蛋黃和一半的糖邊隔水加熱邊打至變成乳白色，待溫度快達65℃時，加入用冰水泡軟後的吉利丁打勻，續入葡萄泥再打均勻。
2. 取一鋼盆，倒入鮮奶油打發，續入新鮮綠葡萄7顆，再和做法1.拌勻。
3. 取一鋼盆，倒入蛋白和另一半的糖打發，再和做法2.拌勻。
4. 取一杯子，倒入做法3.，放入冰箱冷藏30分鐘使其凝固。
5. 慕斯上放綠葡萄3顆、紅莓裝飾即可。

12 人份 覆盆子慕斯蛋糕
raspberry mousse cake

材料

慕斯：

覆盆子果泥300克、糖75克、蛋白3顆、蛋黃3顆、鮮奶油250c.c.、吉利丁2片、鬆餅1片

其他：

新鮮薄荷1支、覆盆子數顆、巧克力棒1支

做法

1. 取一鋼盆，放入奶油加熱成融化奶油。
2. 鬆餅做法參照P.66蜂蜜鬆餅，鬆餅切丁。
3. 取一鋼盆，先放入蛋黃和一半的糖邊隔水加熱邊打至變成乳白色，待溫度快達65℃時，加入用冰水泡軟後的吉利丁打勻，續入覆盆子果泥再打均勻。
4. 取一鋼盆，倒入鮮奶油打發，再和做法3.拌勻。
5. 取一鋼盆，倒入蛋白和另一半的糖打發，再和做法4.拌勻。
6. 將做法5.倒入杯中，一邊倒一邊放入鬆餅丁，放入冰箱冷藏30分鐘後取出，用新鮮薄荷、覆盆子和巧克力棒裝飾即可。

12人份

起司慕斯
cheese mousse

材料

慕斯：
奶油起司400克、糖75克、蛋白3顆、蛋黃3顆、鮮奶油250c.c.、吉利丁2片

其他：
草莓1顆、新鮮薄荷2支

做法

1. 取一鋼盆，先放入蛋黃和一半的糖，邊隔水加熱邊打至變成乳白色，待溫度快達65°C時，加入用冰水泡軟後的吉利丁打勻，續入奶油起司再打均勻（圖1）。
2. 取一鋼盆，倒入鮮奶油打發，再和做法1.拌勻（圖2）。
3. 取一鋼盆，倒入蛋白和另一半的糖打發，再和做法2.拌勻（圖3）。
4. 取一杯子，倒入做法3.，放入冰箱冷藏30分鐘使其凝固。
5. 慕斯上放草莓、新鮮薄荷裝飾即可。

Tips

剛從冰箱冷藏室中取出的鮮奶油起司比較不容易拌開，所以製作甜點前，要先將鮮奶油起司放在室溫使其變軟，將有助於拌開。

12人份 抹茶慕斯蛋糕
green tea mousse cake

慕斯：
抹茶粉100克、糖75克、蛋白3顆、蛋黃3
顆、鮮奶油500c.c.、吉力丁片6片

蛋糕底層：
奇福餅乾（ritz crackers）1桶、奶油900
克、香草精少許

其他：
草莓1顆、抹茶粉少許

1. 取一鋼盆，放入奶油加熱成融化奶油。
2. 奇福餅乾搗碎，加入香草精、奶油拌
   勻，放入蛋糕圓模型做蛋糕底層。
3. 取一鋼盆，先放入蛋黃和一半的糖邊
   隔水加熱邊打至變成乳白色，待溫度
   快達65℃時，加入用冰水泡軟後的吉
   利丁打勻，續入抹茶粉再打均勻。
4. 取一鋼盆，倒入鮮奶油打發，再和做
   法3.拌勻。
5. 取一鋼盆，倒入蛋白和另一半的糖打
   發，再和做法4.拌勻。
6. 將做法5.倒入做法2.中，放入冰箱冷
   藏30分鐘後取出，以刀切成12小塊，
   上面放草莓，撒上抹茶粉即可。

Tips

1. 抹茶粉比較不容易
   拌勻，可先將其和
   少許白酒拌勻後再
   倒入蛋黃中，才不
   會起顆粒。
2. 鮮紅欲滴，吃起來
   酸酸甜甜的草莓最
   適合拿來做各式甜
   點，既可拿來當作
   甜點的主材料，也
   可以活用裝飾。

8人份 巧克力慕斯蛋糕
chocolate mousse cake

材料

慕斯：
苦甜巧克力300克、糖50克、蛋白3顆、蛋黃3顆、鮮奶油250c.c.、吉利丁3片

蛋糕底層：
奇福餅乾（ritz crackers）1桶、奶油900克、香草精少許

其他：
紅莓1顆、綠葡萄1/2顆、白巧克力片1片、糖粉少許

做法

1. 取一鋼盆，放入奶油加熱成融化奶油。
2. 奇福餅乾搗碎，加入香草精、奶油拌勻，放入小的蛋糕圓模型做蛋糕底層。
3. 苦甜巧克力先用隔水加熱煮至融化，然後放在熱水上保溫。
4. 取一鋼盆，先放入蛋黃和一半的糖邊隔水加熱邊打至變成乳白色，待溫度快達65°C時，加入用冰水泡軟後的吉利丁打勻，續入做法3.再打均勻。
5. 取一鋼盆，倒入鮮奶油打發，再和做法4.拌勻。
6. 取一鋼盆，倒入蛋白和另一半的糖打發，再和做法5.拌勻。
7. 將做法6.倒入做法2.上，放入冰箱冷藏30分鐘後取出，上面放紅莓、綠葡萄、白巧克力片，撒些糖粉裝飾即可。

Tips

1. 苦甜巧克力在隔水加熱時，不可以碰到油和水，所以隔水加熱前要擦乾容器，巧克力才不會分解。融化巧克力的方法參照本書p.13。
2. 若希望巧克力快一點融化，可先將巧克力切成碎或片狀再隔水加熱。

提拉米蘇
tiramisu

 材料

慕斯：

馬斯卡彭起司（mascarpone cheese）1盒（約500克）、糖75克、蛋白3顆、蛋黃3顆、鮮奶油250c.c.、吉利丁2片、卡魯哇酒（Kahlua）50c.c.

其他：

可可粉少許

做法

1. 取一鋼盆，先放入蛋黃和一半的糖邊隔水加熱邊打至變成乳白色，待溫度快達65℃時，加入用冰水泡軟後的吉利丁打勻，續入馬斯卡彭起司再打均勻。

2. 取一鋼盆，倒入鮮奶油打發，再和做法1.拌勻。

3. 取一鋼盆，倒入蛋白和另一半的糖打發，再和做法2.拌勻。

4. 將做法3.加入卡魯哇酒拌勻後倒入杯子裡，放入冰箱冷藏30分鐘後取出，上面撒可可粉即可。

Tips

1. 一盒約500克的馬斯卡彭起司可以做約12人份量的提拉米蘇，你可以買來後參照本食譜直接整盒使用，就不會有不知該如何處理剩餘起司的清況發生了。

2. 打發鮮奶油時，要避免打過了頭導致乾性發泡。

3. 如果臨時買不到卡魯哇酒，可去烘焙材料店購買其他咖啡酒取代。

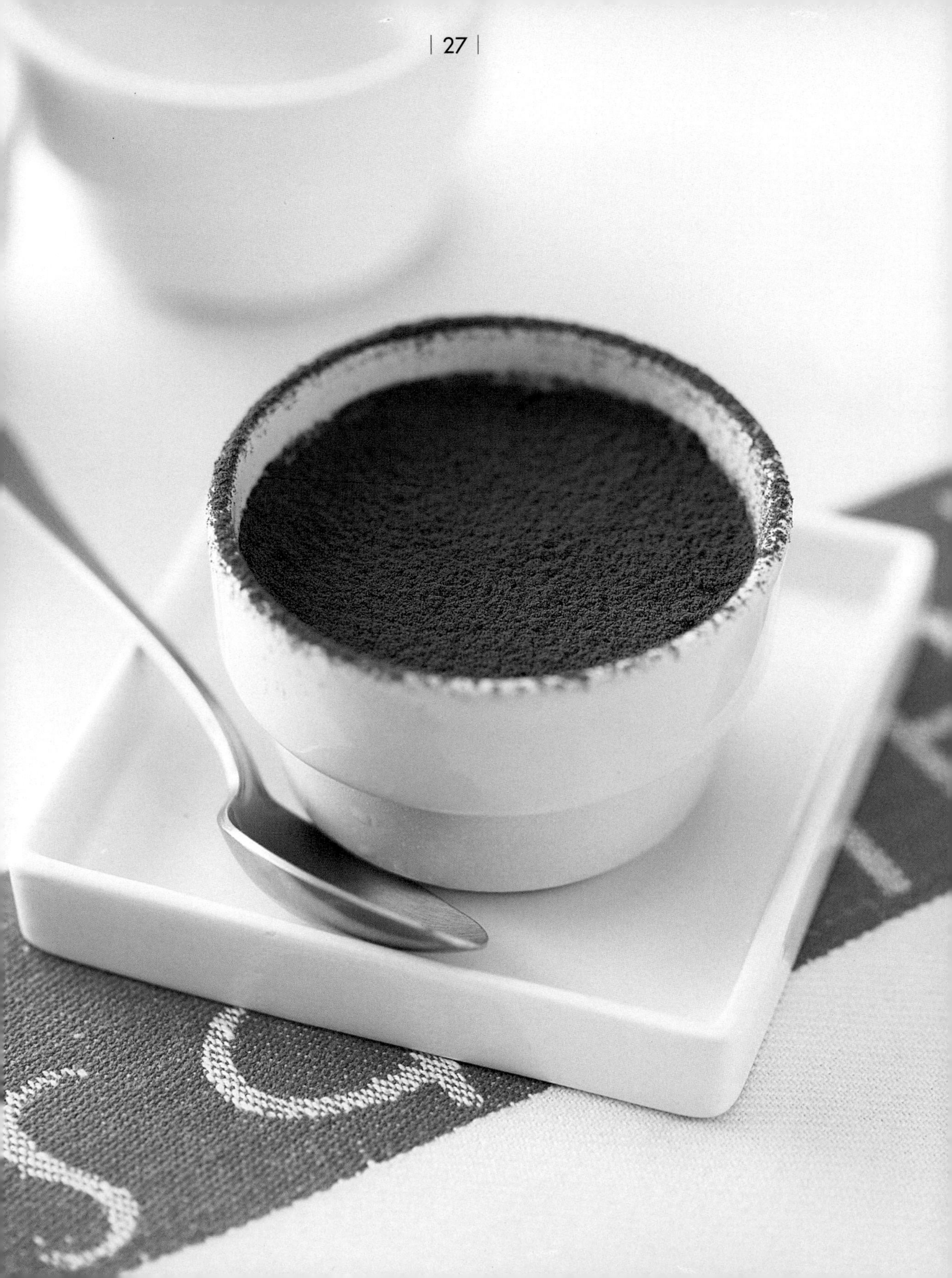

12人份 草莓慕斯蛋糕
strawberry mousse cake

材料

慕斯：
草莓泥300克、糖75克、蛋白3顆、蛋黃3顆、
鮮奶油250c.c.、吉利丁2片

蛋糕底層：
奇福餅乾（ritz crackers）1桶、奶油900克、香
草精少許

明膠水：
檸檬汁100c.c、水200c.c、糖40克、吉利丁6片

其他：
新鮮薄荷1支、新鮮草莓6顆、白巧克力1片

做法

1. 取一鋼盆，放入奶油加熱成融化奶油。
2. 奇福餅乾搗碎，加入香草精、奶油拌匀，
   放入一圓碗中做蛋糕底層。
3. 備一碗冰水，放入吉利丁泡至軟化，撈起
   濾乾（圖1）。
4. 取一鋼盆，先放入蛋黃和一半的糖邊隔水
   加熱邊打至變成乳白色，待溫度快達65℃
   時，加入做法3.，續入草莓泥再打均匀
   （圖2）。
5. 取一鋼盆，倒入鮮奶油打發，再和做法4.
   拌匀（圖3）。
6. 取一鋼盆，倒入蛋白和另一半的糖打發，
   再和做法5.拌匀（圖4）。
7. 取一容器，倒入明膠水的材料煮至沸騰，
   放涼備用，即自製明膠水。
8. 在做法2.上先放草莓片（切3顆），倒入做
   法6.，上面擺上3顆草莓，塗抹明膠水，放
   入冰箱冷藏30分鐘後取出，以新鮮薄荷和
   白巧克力片裝飾即可。

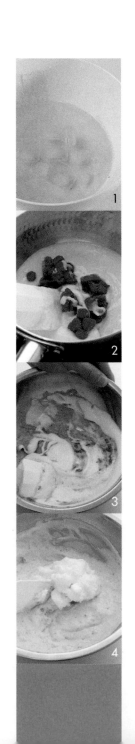

香蕉慕斯蛋糕
banana mousse cake

慕斯：
香蕉泥300克、糖75克、蛋白3顆、蛋黃3顆、鮮奶油250c.c.、吉利丁2片

蛋糕底層：
奇福餅乾（ritz crackers）1桶、奶油900克、香草精少許

明膠水：
檸檬汁100c.c.、水200c.c.、糖40克、吉利丁6片

其他：
新鮮薄荷1支、香蕉2根、黑櫻桃1顆、肉桂粉少許

做法

1. 取一鋼盆，放入奶油加熱成融化奶油。
2. 奇福餅乾搗碎，加入香草精、奶油拌勻，放入蛋糕圓模型做蛋糕底層。
3. 取一鋼盆，先放入蛋黃和一半的糖邊隔水加熱邊打至變成乳白色，待溫度快達65℃時，加入用冰水泡軟後的吉利丁打勻，續入香蕉泥再打均勻。
4. 取一鋼盆，倒入鮮奶油打發，再和做法3.拌勻。
5. 取一鋼盆，倒入蛋白和另一半的糖打發，再和做法4.拌勻。
6. 將做法5.倒入做法2.中，把新鮮的香蕉切片後鋪滿上層，撒上肉桂粉。
7. 取一容器，倒入明膠水的材料煮至沸騰，放涼備用，即自製明膠水。
8. 將做法6.抹上明膠水，放入冰箱冷藏30分鐘取出，最後用黑櫻桃及新鮮薄荷裝飾即可。

香酒慕斯蛋糕
kahlua mousse cake

材料

慕斯：

馬斯卡彭起司（mascarpone cheese）1盒、糖75克、蛋白3顆、蛋黃3顆、鮮奶油250c.c.、吉利丁6片、卡魯哇酒（Kahlua）50c.c.

蛋糕底層：

奇福餅乾（ritz crackers）1桶、奶油900c.c.、香草精少許

其他：

可可粉少許

做法

1. 取一鋼盆，放入奶油隔水加熱成融化奶油（圖1）。
2. 奇福餅乾搗碎，加入香草精、奶油拌勻，放入蛋糕模型做蛋糕底層。
3. 取一鋼盆，先放入蛋黃和一半的糖邊隔水加熱邊打至變成乳白色，待溫度快達65°C時，加入用冰水泡軟後的吉利丁打勻，續入馬斯卡彭起司再打均勻（圖2）。
4. 取一鋼盆，倒入鮮奶油打發，再和做法3.拌勻（圖3）。
5. 取一鋼盆，倒入蛋白和另一半的糖打發，再和做法4.拌勻（圖4）。
6. 加入卡魯哇酒拌勻倒入蛋糕模中，放入冰箱冷藏30分鐘後取出，以刀切成12小塊，上面撒可可粉裝飾即可。

Tips

香草精就是有香草味道的黑色汁液，和香草夾有一樣的效果，頂好超市有賣，不能用其他取代。

不用烤箱做點心

Panna cotta
Pudding
Jelly

奶酪・布丁・果凍

加入許多牛奶的奶酪、
聞得到焦糖香氣的布丁、
看得見顆顆水果的透明果凍……，
只要幾分鐘就能做好，
將這飯後甜點放入冰箱，
一會兒就能品嘗沁涼美味。

橙香奶酪
orange panna còtta

3人份

材料

奶酪：
牛奶170c.c、鮮奶油100c.c.、糖15克、吉利丁1 1/2片

其他：
香吉士1顆、新鮮薄荷1支

做法

1. 取一容器，倒入鮮奶油（圖1）。
2. 備一碗冰水，放入吉利丁泡至軟化，撈起濾乾（圖2）。
3. 取一鍋，倒入牛奶、糖煮至80℃，加入做法2.，待吉利丁溶化即可倒回做法1.製成奶酪（圖3）。
4. 取一杯子，倒入做法4.，放入冰箱冷藏使其凝固（圖4）。
5. 香吉士去皮去籽後切丁，放於奶酪上，再以新鮮薄荷裝飾即可。

Tips

辨別80℃的方法：80℃已算是較高溫，切勿利用手指測溫，看見鍋邊微冒泡且冒煙，即約80℃。

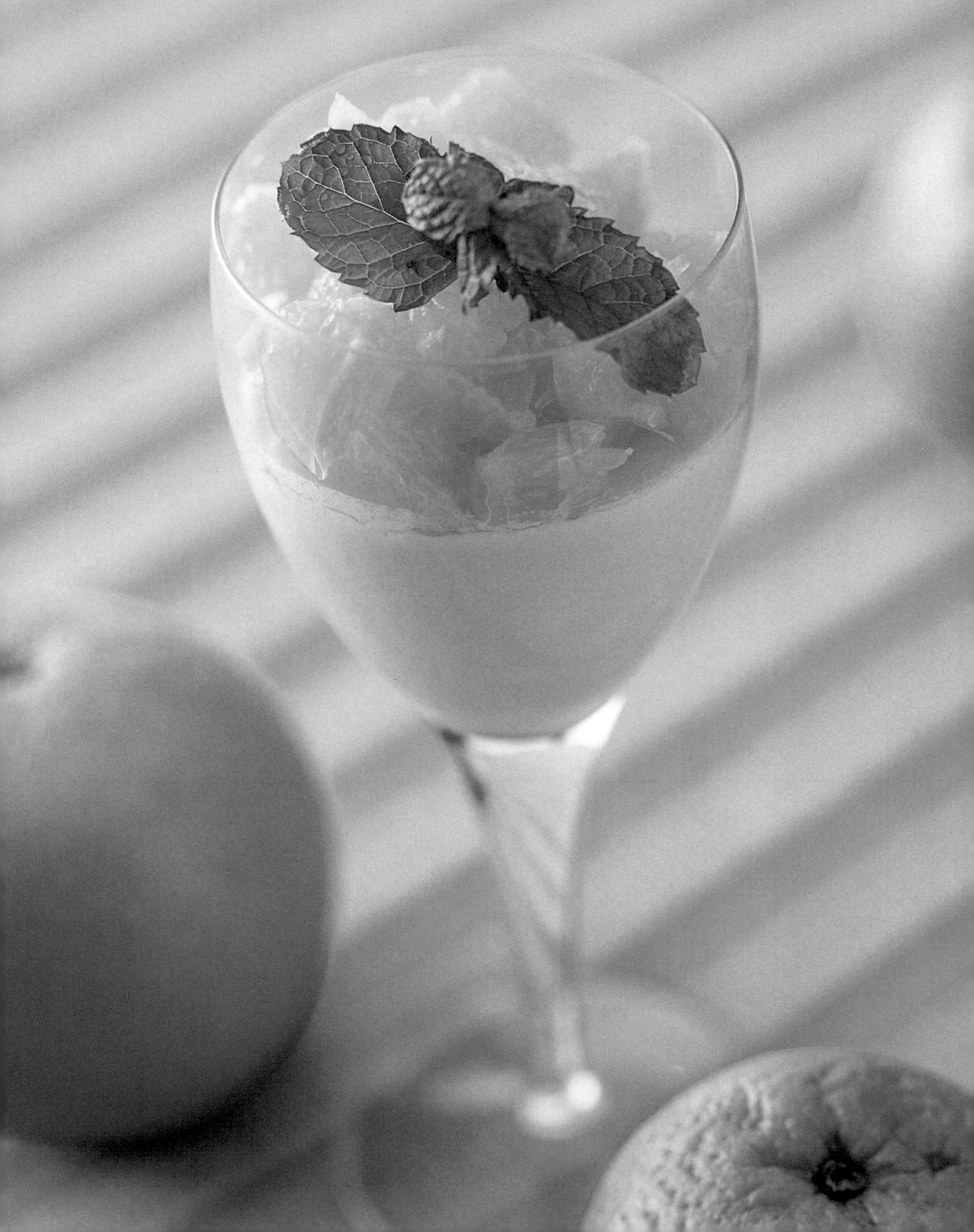

義式卡魯哇奶酪

kahlua panna còtta

 材料

奶酪：

牛奶170c.c.、鮮奶油90c.c.、糖15克、吉利丁1 1/2片

其他：

卡魯哇酒（Kahlua）20c.c.

做法

1. 取一鋼盆，倒入鮮奶油。
2. 備一碗冰水，放入吉利丁泡至軟化，撈起濾乾。
3. 取一鍋，倒入牛奶、糖煮至80℃，加入做法2.，待吉利丁溶化即可倒回做法1.製成奶酪。
4. 取一咖啡杯，倒入做法3.，放入冰箱冷藏使其凝固。
5. 吃時可將卡魯哇酒淋在奶酪上。

Tips

1. 卡魯哇酒是咖啡酒，味道較甜，不喜歡吃太甜的人可以少加一點，但若想強調卡魯哇酒的香味，也可以在製作奶酪時不要加糖。
2. 吉利丁需先放入冰水中泡軟再加入使用，吉利丁軟化的方法可參照本書p.13。

薰衣草奶酪
lavender panna còtta

材料

奶酪：
牛奶170c.c.、鮮奶油100c.c.、糖15克、吉
利丁1 1/2片

其他：
薰衣草8克、巧克力片1片、紅莓1顆、綠
葡萄1顆

做法

1. 取一鋼盆，倒入鮮奶油。
2. 備一碗冰水，放入吉利丁泡至軟化，
   撈起濾乾。
3. 取一鍋，倒入薰衣草、牛奶、糖煮至
   80℃，加入做法2.，待吉利丁溶化即
   可倒回做法1.製成奶酪。
4. 取一杯子，倒入做法3.，放入冰箱冷
   藏使其凝固。
5. 奶酪上放上巧克力片、紅莓、綠葡萄
   做裝飾即可。

Tips

1. 薰衣草放入水中煮
   時是呈現淡淡的紫
   色，若加入1、2滴
   檸檬汁一起煮，可
   使顏色更漂亮。
2. 薰衣草的味道很
   重，不可以加太
   多，否則奶酪味道
   會變很苦。

芒果奶酪
mango panna còtta

3人份

材料

奶酪：
芒果汁70c.c.、牛奶100c.c.、鮮奶油100c.c.、糖15克，吉利丁1 1/2片

其他：
芒果1顆、新鮮薄荷1支

做法

1. 取一鋼盆，倒入鮮奶油和芒果汁。
2. 備一碗冰水，放入吉利丁泡至軟化，撈起濾乾。
3. 取一鍋，倒入牛奶、糖煮至80℃，加入做法2.，待吉利丁溶化即可倒回做法1.製成奶酪。
4. 取一碗，倒入做法3.，放入冰箱冷藏使其凝固。
5. 將芒果片放在奶酪上，並以新鮮薄荷裝飾即可。

蒸焦糖布丁
brown pudding

2人份

材料

焦糖：
二砂40克、水60c.c.

布丁：
全蛋1顆、牛奶100c.c.、糖15克

做法

1. 取一鍋，先放入二砂，再倒入水60c.c.拌濕，加熱製成焦糖液。
2. 取一鋼盆，將蛋打入其中稍微攪拌。
3. 另取一鍋，加入牛奶、糖，加熱至稍微冒泡即可熄火，倒入做法2.中攪拌均勻，然後倒入杯子中。
4. 取一蒸鍋，倒入水加熱至水蒸氣微冒，放入蒸盤或蒸墊，再放上做法3.，用小火蒸7分鐘，記住鍋蓋不可緊蓋，蒸熟即成布丁。
5. 待蒸好的布丁冷後淋上做法1.即可。

紫米布丁
violet rice pudding

材料

布丁：
紫米100克、糖22克、牛奶300c.c.、吉利丁2片

其他：
新鮮薄荷1支、糖粉少許

做法

1. 紫米洗淨後泡水約35分鐘，撈起瀝乾水分。
2. 備一碗冷水，放入吉利丁泡至軟化，撈起濾乾。
3. 取一鍋，加入做法1.、牛奶、糖煮沸後轉小火續煮60分鐘，撈出一些紫米（其餘留下另用），放入做法2.再煮至吉利丁溶化，取出倒入模型中。
4. 將整碗做法3.放入冰箱中冷藏30分鐘，取出後放上剩餘的紫米粒，添加新鮮薄荷，再撒上糖粉即可。

Tips

1. 新鮮薄荷的氣味芬芳，用途很廣，除了用做甜點裝飾增加香氣，還能涼拌沙拉、泡茶或製作醬汁。
2. 紫米泡水，是為了縮短烹調時間，若是想再縮短些烹煮時間，而且更均勻，可泡水1～2小時更佳。
3. 紫米布丁食用時可淋少許蜂蜜，味道更佳喔！

3 人份 巧克力布丁
chocolate pudding

材料

布丁：
全蛋1顆、牛奶100c.c.、糖15克、可可粉15克

其他：
巧克力粉少許、巧克力片少許

做法

1. 取一鋼盆，將蛋打入其中稍微攪拌。
2. 將牛奶、糖、可可粉放入鍋中，加熱至稍微冒泡即可離火，倒入蛋液攪拌均勻，然後倒入布丁杯子中。
3. 取一蒸鍋，倒入水且加熱至水蒸氣微冒，放入蒸盤或蒸墊，再放上做法2.，用小火蒸7分鐘，注意鍋蓋不可緊蓋，蒸熟即成布丁。
4. 待蒸好的巧克力布丁放冷後撒上巧克力粉，再放上巧克力片裝飾即可。

Tips

1. 巧克力片是最適合的甜點裝飾品，通常在烘焙材料行就可以買到各種不同形狀的。
2. 可可粉不容易散，可先將其和20c.c.牛奶拌勻再倒入鍋中，這樣比較不會起顆粒。
3. 依容器的大小，蒸東西的時間有所差異，想要知道東西熟了沒，可用湯匙輕敲一下布丁杯，若布丁不會搖就表示熟了。

蒸抹茶布丁
green tea pudding

3人份

材料

布丁：
全蛋1顆、牛奶100c.c.、糖15克、抹茶粉13克

其他：
鮮奶油20c.c.、草莓1顆

做法

1. 取一鍋，加入糖、牛奶（圖1）。
2. 倒入抹茶粉攪拌均勻，加熱至微冒泡（圖2）。
3. 將做法2.倒入蛋液中攪拌均勻（圖3）。
4. 取一碗，倒入做法3.（圖4）。
5. 利用噴槍或湯匙去掉布丁上面的氣泡。
6. 取一蒸鍋，倒入水加熱至水蒸氣微冒，放入蒸盤或蒸墊，再放上做法5.，用小火蒸7分鐘，記住鍋蓋不可緊蓋，蒸熟即成布丁（圖5）。
7. 取一鍋，加入鮮奶油打發，再將其放入擠花袋中。
8. 待蒸好的布丁冷卻後擠上鮮奶油，擺上草莓即可。

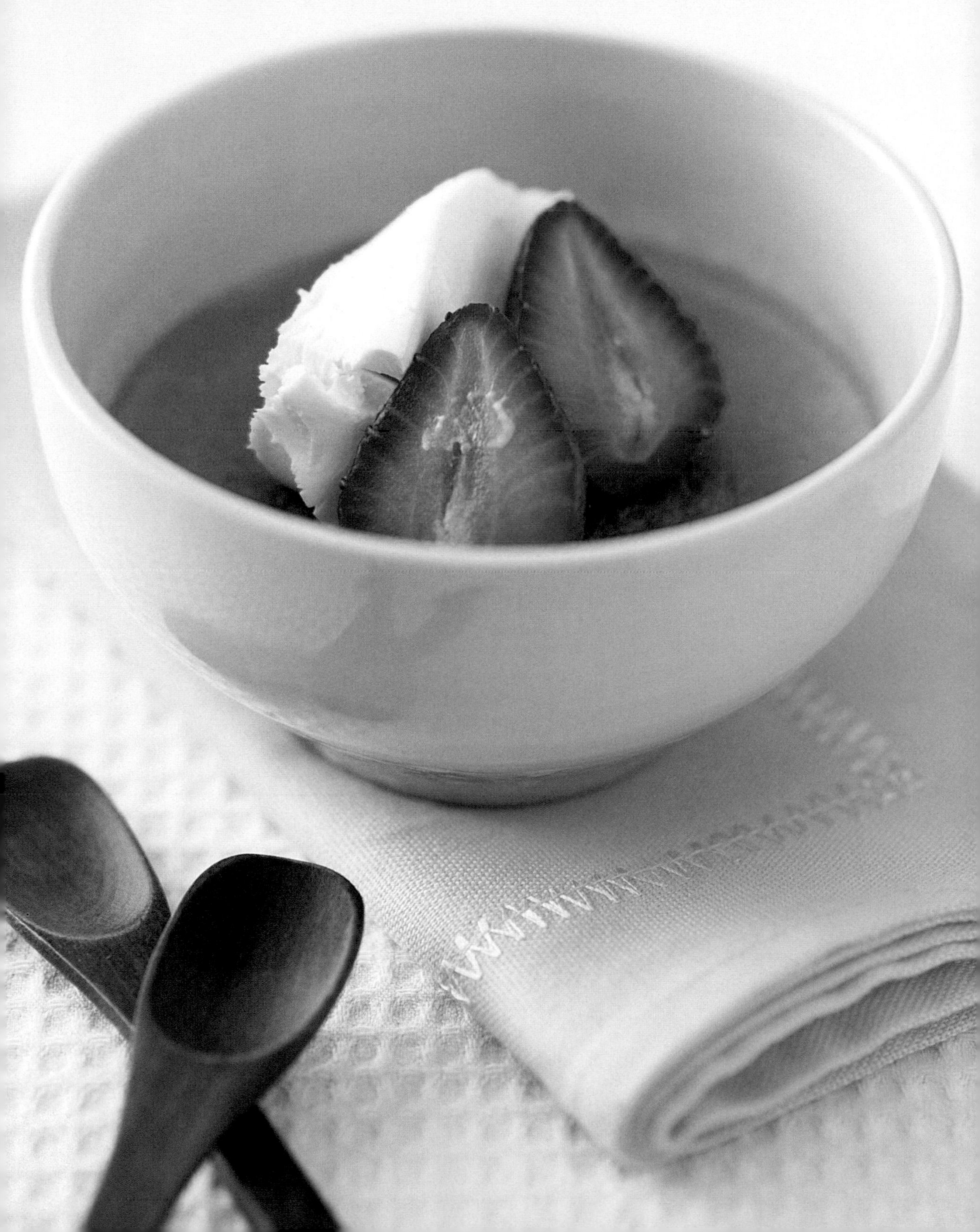

黑櫻桃果凍

mango mousse

材料

果凍：
黑櫻桃汁100克、吉利丁1片、糖10克

其他：
新鮮薄荷1支 、黑櫻桃6顆

做法

1. 取一鋼盆，倒入黑櫻桃汁、糖，煮至稍沸（圖1）。
2. 備一碗冰水，放入吉利丁泡至軟化，撈起濾乾（圖2）。
3. 在做法1.中加入做法2.（圖3）。
4. 取一碗，先放入新鮮薄荷和黑櫻桃，續入做法3.，放入冰箱冷藏30分鐘使其凝固即可（圖4）。

Tips 如果想吃其他口味的水果凍，只要替換果汁和果肉即可。最好是用新鮮果汁製作，吃起來口感較好。另外，若選擇較酸的果肉或果汁，除非增加些許吉利丁，否則做出來的成品會較軟，不適合倒扣出來。

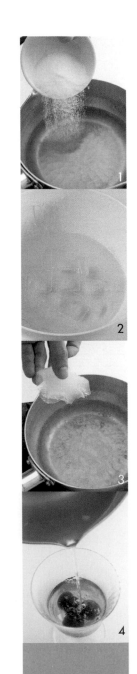

野莓水果凍
mixed berry & fruits jelly

3 人份

材料

果凍：
野莓（綜合莓果）50克、柳丁1顆、水200c.c.、蜜桃1顆、吉利丁2片、糖28克

其他：
新鮮薄荷1支

做法

1. 柳丁去皮去籽後肉切下來，水蜜桃去皮切片。
2. 取一鍋，倒入水、野莓、柳丁、水蜜桃（各留一些最後放在果凍上裝飾）和糖，煮至稍沸。
3. 備一碗冰水，放入吉利丁泡至軟化，撈起濾乾。
4. 在做法2.中加入做法3.。
5. 取一杯子，倒入做法4.，放入冰箱中冷藏30分鐘，取出後放上剩餘的柳丁、野莓和蜜桃，最後擺上新鮮薄荷裝飾即可。

玫瑰花茶凍
dried rose jelly

3 人份

材料

茶凍：
乾燥玫瑰花5朵、水200c.c.、吉利丁2片、糖22克

其他：
新鮮玫瑰花數朵

做法

1. 取一鍋，倒入水、乾燥玫瑰花和糖，煮至稍沸。
2. 備一碗冰水，放入吉利丁泡至軟化，撈起濾乾。
3. 在做法1.中加入做法2.。
4. 取一杯子，倒入做法3.，放入冰箱冷藏30分鐘使其凝固即可。

蜜桃果凍

peach jelly

材料

果凍：
水蜜桃汁100c.c.、吉利丁1片、糖10克
其他：
水蜜桃1顆

做法

1. 水蜜桃去籽切片。
2. 取一鍋，倒入水蜜桃汁和糖，煮至稍沸。
3. 備一碗冰水，放入吉利丁泡至軟化，撈起濾乾。
4. 在做法2.中加入做法3.。
5. 取一杯子，放入水蜜桃片，倒入做法4.，放入冰箱中冷藏30分鐘使其凝固即可。

Tips

1. 水蜜桃要選硬一點的，吃起來口感會較佳。
2. 清淡口味的蜜桃果凍冰冰涼涼吃，最適合當作炎熱夏天的飯後甜點。

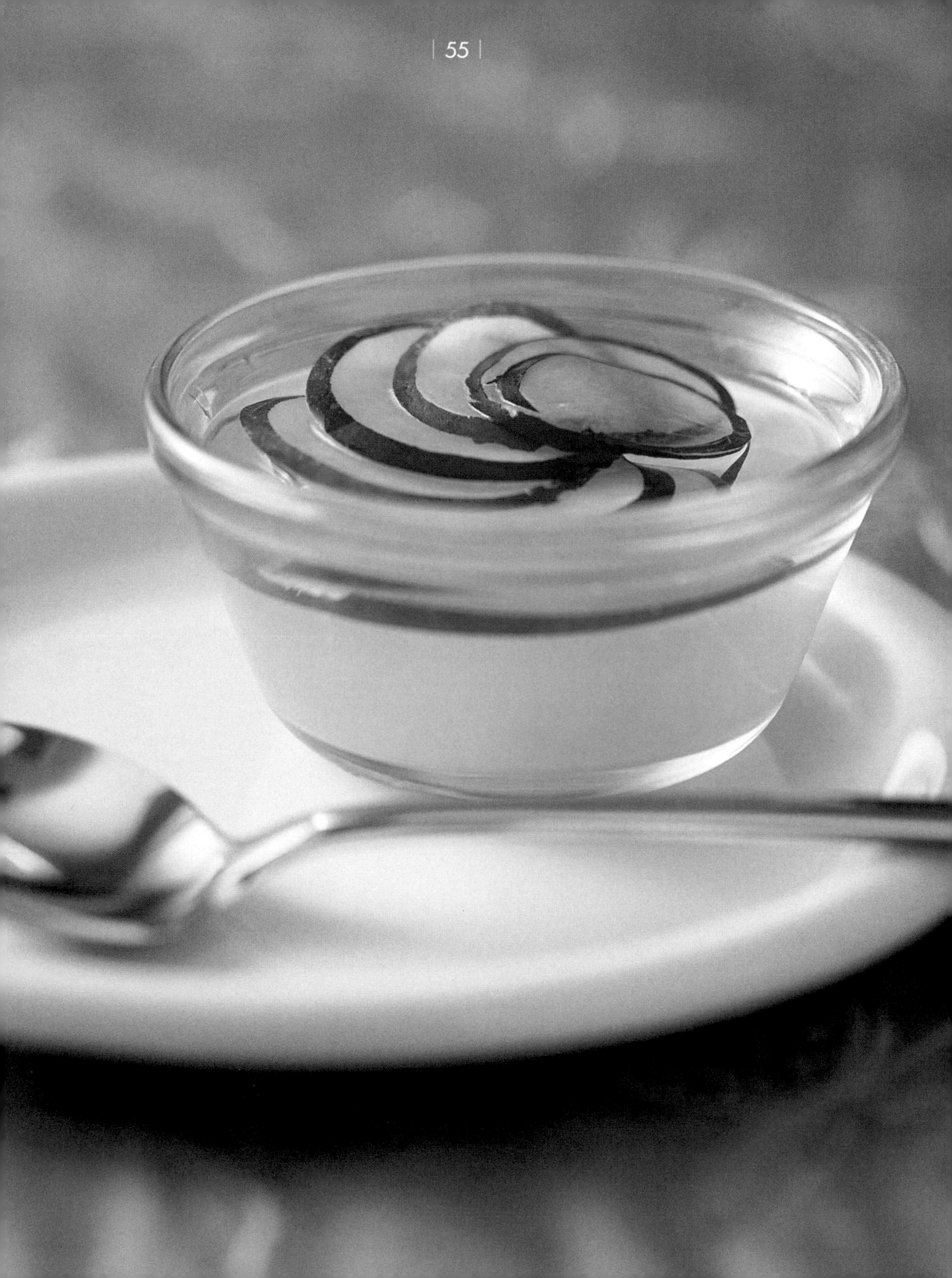

優格果凍
yogurt jelly

 材料

優格：
鮮奶油100c.c.、活性乾酵母10克

果凍：
牛奶170c.c.、鮮奶油30c.c.、原味優格70
克、糖15克、吉利丁11/2片

其他：
紅莓1顆、水蜜桃1片、新鮮薄荷1支

做法

1. 取一鍋，入鮮奶油100c.c.加熱至65℃，
   放入乾酵母，置於室溫下24小時使其
   發酵，即成優格。
2. 取一鍋盆，倒入鮮奶油、優格。
3. 備一碗冰水，放入吉利丁泡至軟化，
   撈起濾乾。
4. 取一鍋，倒入牛奶、糖煮至80℃，加
   入做法3.，待吉利丁溶化即可倒回做
   法1.製成果凍。
5. 取一碗，倒入做法4.，放入冰箱冷藏
   使其凝固。
6. 果凍上放紅莓、水蜜桃、新鮮薄荷葉
   做裝飾即可。

Tips

1. 鮮奶油是液體狀奶油，除了可做甜點，也可以在製作濃湯時加入，可增添香氣，讓湯喝起來更濃醇滑順。
2. 一般市面上賣的優格多數有加糖，自己製作不要放糖，即成無糖優格。
3. 活性乾酵母可在烘焙材料行買到，這裡是將酵母放在有溫度的液體裡，使其產生作用。

菊花薄荷茶凍
dried chrysanthemum & mint jelly

材料

茶凍：
乾燥菊花8朵、乾燥薄荷葉5片、水
200c.c.、吉利丁2片、糖22克

其他：
新鮮薄荷1支

做法

1. 取一鍋，倒入水、乾燥菊花、乾燥薄
   荷葉包和糖，煮至稍沸，撈除乾燥薄
   荷葉包。
2. 備一碗冰水，放入吉利丁泡至軟化，
   撈起濾乾。
3. 在做法1..加入做法2.。
4. 取一杯子，倒入做法3.，放入冰箱中
   冷藏30分鐘，取出後放上新鮮薄荷裝
   飾即可。

Tips

1. 選擇較小朵的乾
   菊花，香氣比較
   溫和。
2. 可利用紗布將乾
   燥薄荷葉包起來
   再放入鍋中煮，
   煮好再整包撈
   出，製作出來的
   果凍口感較佳。

Crêpe
Waffle
Pan cake

不用烤箱
做點心

可麗餅・鬆餅・薄餅

看見可麗餅、薄餅，你想到什麼？
是早晨寧靜的餐桌、
大街上邊走邊吃的情侶，
還是鬧市中嬉笑奔跑的孩童？
以少許的麵糊做成，
吃時搭配果醬、奶油、各種餡料，
是最流行，也是最平民的點心！

草莓可麗餅
strawberry crêpe

6人份

材料

可麗餅汁：
全蛋3顆、牛奶100c.c.、水150c.c.、中筋麵粉150克、糖10克、沙拉油30c.c.

其他：
草莓果醬200克、新鮮薄荷1支

做法

1. 取一鋼盆，倒入全蛋、牛奶、沙拉油、糖和水拌勻，加入過篩的中筋麵粉拌勻後打出筋度，即可麗餅汁。
2. 取一平底鍋，倒入薄薄的沙拉油，淋上做法1.（圖1）。
3. 用轉圈方式讓可麗餅汁薄薄布滿全鍋，以小火煎至上面熟且硬便可取出，即成可麗餅（圖2）。
4. 將草莓果醬塗於可麗餅上，捲成三角狀放入盤中，以新鮮薄荷裝飾即可。

Tips

所謂倒入薄薄的沙拉油，是指拿廚房用紙巾或擦手紙沾上少許沙拉油，再擦在鍋子上的意思。

野莓可麗餅
mixed berry crêpe

6人份

材料

野莓醬：
野莓100克、糖10克、玉米粉15克、水少許

可麗餅汁：
全蛋3顆、牛奶100c.c.、水150c.c.、中筋麵粉150克、糖10克、沙拉油30c.c.

其他：
新鮮薄荷1支

做法

1. 取一鍋，放入野莓、水和糖先煮（圖1）。
2. 加入玉米粉水稍微勾芡，製成野莓醬（圖2）。
3. 另取一鋼盆，倒入全蛋、牛奶、沙拉油、糖和水拌勻，加入過篩的中筋麵粉拌勻後打出筋度，即可麗餅汁（圖3）。
4. 取一平底鍋，倒入薄薄的沙拉油，淋上做法3.，用轉圈方式讓可麗餅汁薄薄布滿全鍋，以小火煎至上面熟且硬便可取出（圖4）。
5. 將可麗餅捲成三角狀後放入盤中，淋上野莓醬，最後用新鮮薄荷裝飾即可。

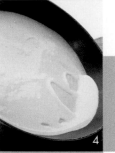

Tips

1. 煎可麗餅時，煎第一張餅通常會容易黏鍋，可以多加一些油，之後再以廚房用紙巾或擦手紙沾沙拉油擦在鍋子上。
2. 野莓醬最好持續保持在溫熱狀態，吃的時候口感比較好。

冰淇淋可麗餅
ice cream crêpe

6人份

 材料

可麗餅汁：
全蛋3顆、牛奶100c.c.、水150c.c.、中筋麵粉150克、糖10克、沙拉油30c.c.

冰淇淋：
鮮奶油起司400克、糖75克、蛋白3顆、蛋黃3顆、鮮奶油250c.c.

其他：
草莓1顆、芒果少許、巧克力醬少許、新鮮薄荷1支

 做法

1. 水果全部切丁。
2. 取一鍋，倒入全蛋、牛奶、沙拉油、糖和水拌勻，加入過篩的中筋麵粉拌勻後打出筋度，即可麗餅汁。
3. 取一平底鍋，倒入薄薄的沙拉油，淋上做法2.，用轉圈方式使可麗餅汁薄薄布滿全鍋，以小火煎至上面熟且硬便可取出，折成三角狀放入盤中，即可麗餅。
4. 另取一鋼盆，先放入蛋黃和一半的糖邊隔水加熱邊打至變成乳白色，待溫度快達65°C時，加入鮮奶油起司再打均勻。
5. 取一鋼盆，倒入鮮奶油打發，再和做法4.拌勻。
6. 取一鋼盆，倒入蛋白和另一半的糖打發，再和做法5.拌勻，放入冰淇淋盒中，入冰箱冷凍1小時，即冰淇淋。
7. 取一盤子，放入可麗餅，再放上一球冰淇淋，淋上巧克力醬並撒上水果丁，最後以新鮮薄荷裝飾即可。

蜂蜜鬆餅
honey pan cake

4人份

 材料

鬆餅汁：
蛋黃2顆、蛋白2顆、低筋麵粉130克、鮮奶油60c.c.、糖55克、奶油25克

其他：
蜂蜜少許

 做法

1. 取一容器入蛋白打發。
2. 取一容器，倒入鮮奶油打發。
3. 取一鋼盆，放入奶油隔水加熱成融化奶油。
4. 蛋黃加入做法2.，再加入過篩的低筋麵粉，最後拌入做法1.，即鬆餅汁。
5. 熱鍋，加少許油，淋入做法4.成小圓形煎，等上方都是氣泡時換面煎，約2分鐘後取出放入盤中，淋上蜂蜜即可。

紅豆銅鑼燒

doorayaki

8 人份

材料

紅豆餡：
紅豆100克、糖50克、奶油60克

鬆餅汁：
蛋黃2顆、蛋白2顆、低筋麵粉130克、鮮
奶油60c.c.、糖55克、奶油25克

做法

1. 先將紅豆洗淨放入鍋中泡水1小時，加水、糖煮沸，以小火煮1小時，待紅豆爛時，再將水收至快乾，拌入奶油放冷，即紅豆餡。
2. 取一容器，倒入蛋白打發（圖1）。
3. 取一容器，倒入鮮奶油打發。
4. 取一鋼盆，放入奶油隔水加熱成融化奶油。
5. 蛋黃加入做法4.，拌入做法3.，再加入麵粉拌勻，最後拌入做法2.，即鬆餅汁。
6. 熱鍋，加少許油，淋入做法5.成小圓形煎，等鬆餅液上方都是氣泡時換面煎。
7. 煎約2分鐘後取出即銅鑼燒皮。
8. 煎2片鬆餅，包入做法1.，即銅鑼燒。

Tips
1. 鬆餅要以小火來煎，才不會失敗。
2. 做法5.拌的過程中，若覺得太濃稠，可加入少許牛奶調和。

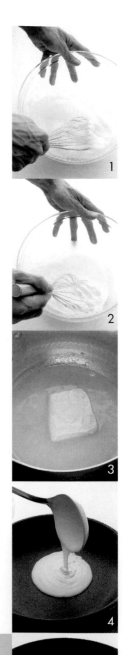

鬆餅奶油蛋糕
cream pan cake

2人份

鬆餅汁：
蛋黃2顆、蛋白2顆、低筋麵粉130克、鮮奶油60c.c.、糖55克、奶油25克

其他：
鮮奶油300c.c.（裝飾用）、草莓8顆、可可粉少許、新鮮薄荷1支

1. 取一鋼盆，倒入蛋白打發。
2. 取一鋼盆，倒入鮮奶油打發。
3. 取一鋼盆，放入奶油隔水加熱成融化奶油。
4. 將蛋黃加入做法3.，拌入做法2.，再加入麵粉拌勻，最後拌入做法1.，即鬆餅汁。
5. 熱鍋，加少許油，淋入做法5.成小圓形煎餅，等鬆餅汁上方都是氣泡時換面煎，煎約2分鐘後取出，切成方形。
6. 草莓切片，鮮奶油（裝飾用）打發。
7. 先放一片鬆餅，鋪上做法6.的鮮奶油，鋪上草莓片，再蓋一層鬆餅，重複動作二次，最後在外層鋪上一層薄薄的鮮奶油，撒上可可粉，以草莓片、奶油花（少許鮮奶油放入擠花袋內擠出）和新鮮薄荷裝飾即可。

橙香火燒鬆餅
pan cake with orange brandy sauce

4人份

鬆餅汁：
蛋黃2顆、蛋白2顆、低筋麵粉130克、鮮奶油60c.c.、糖55克、奶油25克

醬汁：
柳橙2顆、柳橙汁100c.c.、奶油60克、糖15克、白蘭地50c.c.

1. 柳橙先取黃色皮切絲，果肉切丁。
2. 取一鋼盆，倒入蛋白打發。
3. 取一鋼盆，倒入鮮奶油打發。
4. 取一鋼盆，放入奶油隔水加熱成融化奶油。
5. 蛋黃加入做法4.，拌入做法3.，再加入過篩的低筋麵粉拌勻，最後拌入做法2.，即鬆餅汁。
6. 熱鍋，加少許油，淋入做法5.成小圓形煎，等上方都是氣泡時換面煎，煎約2分鐘後取出，即鬆餅。
7. 再熱鍋，加入奶油、柳橙果肉、柳橙汁、糖和白蘭地後加熱，因為加入白蘭地溫度加熱至100℃時會起火，在此時加入鬆餅，等火熄即可起鍋，將煮好的鬆餅和醬汁一起放入盤中，撒上柳橙皮裝飾即可。

香草薄餅
vanilla pan cake

材料

薄餅汁：
全蛋3顆、牛奶100c.c.、水150c.c.、中筋麵粉150克、糖10克、沙拉油30c.c.、香草精少許

其他：
奶油少許

做法

1. 取一鋼盆，倒入全蛋、牛奶、糖、香草精、沙拉油和水拌勻，加入過篩的中筋麵粉拌勻後打出筋度，即薄餅汁。
2. 取一平底鍋，倒入薄薄的沙拉油，淋上做法3.，用轉圈方式讓薄餅汁布滿鍋且薄，以小火煎至上面熟且硬，翻面再稍煎一下。
3. 塗上奶油，取出放在盤子裡即可。

黑櫻桃奶油薄餅
cream & black berry pan cake

材料

薄餅汁：
全蛋3顆、牛奶100c.c.、沙拉油30c.c.、糖10克、水150c.c.、中筋麵粉150克

其他：
黑櫻桃6顆、鮮奶油200c.c.、新鮮薄荷1支

做法

1. 黑櫻桃4顆去籽。
2. 取一鋼盆，倒入全蛋、牛奶、沙拉油、糖和水拌勻，加入過篩的中筋麵粉拌勻後打出筋度，即薄餅汁。
3. 取一平底鍋，倒入薄薄的沙拉油，淋入做法2.，用轉圈方式讓薄餅汁薄薄布滿全鍋，以小火煎至上面熟且硬，翻面再煎一下取出，即薄餅。
4. 將鮮奶油打發後其中一些鋪在薄餅上，撒上做法1.，捲成三角狀放入盤中，以鮮奶油、2顆黑櫻桃、新鮮薄荷裝飾即可。

不用烤箱
做點心

Slush
Ice cream
Fruit

冰砂 · 水果

不用說，冰砂和水果最能代表夏天，
是屬於炎炎夏日的美好回憶，
吃膩了千篇一律的水果冰、
冰淇淋、攤販水果，今夏來點不同的，
發揮點想像力，
一杯冰砂和水果甜點陪你渡過整個酷夏。

芒果雪碧
mango soba

材料

芒果1顆、蛋白1顆、糖20克、白酒
35c.c.、冰塊200克、新鮮薄荷少許

做法

1. 芒果去皮去籽後果肉切小丁。
2. 將蛋白、白酒、糖、冰塊和做法1.放
   入果汁機中打，打成泥，取出放入
   杯中。
3. 將做法2.放入冰箱中冷凍約20分鐘，
   取出後用新鮮薄荷裝飾即可。

Tips

1. 製作冰砂時，冰塊
   是要在欲使用那一
   刻才從冰箱取出，
   否則冰塊溶化變成
   水就無法製作了。
2. 做法2.打成泥時，
   白酒可以預留一
   半，視攪打狀況慢
   慢加入。
3. 也可以預留些芒果
   顆粒不要放入果汁
   機中攪打，最後放
   在冰砂上面，會比
   較好看。

柳橙冰砂
orange slush

 材料

柳橙2顆、冰塊200克、果糖15c.c.

 做法

1. 將柳橙黃色的皮取下來切成絲,去掉籽後取下果肉。
2. 將柳橙果肉、冰塊和果糖放入果汁機中打成泥狀,取出放入杯中。
3. 將柳橙皮放於做法2.上裝飾即可。

鮮果抹茶冰淇淋
fruits &green tea jelly with ice cream

 材料

抹茶奶酪:
牛奶170c.c.、鮮奶油100c.c.、糖15克、吉利丁1 1/2片、抹茶粉15克

冰淇淋:
奶油起司400克、糖75克、蛋白3顆、蛋黃3顆、鮮奶油250c.c.

其他:
蓮霧1顆、奇異果1顆、芒果1顆、新鮮薄荷2支

 做法

1. 蓮霧、奇異果、芒果全部切丁。
2. 取一鋼盆,倒入鮮奶油。
3. 備一碗冰水,放入吉利丁泡至軟化,撈起濾乾。
4. 取一鍋,倒入牛奶、抹茶粉、糖煮至80℃,加入做法3.,待吉利丁溶化即可倒回做法2.製成奶酪。
5. 取一杯子,倒入做法4.,放入冰箱冷藏使其凝固。
6. 取一鋼盆,先放入蛋黃和一半的糖邊隔水加熱邊打至變成乳白色,待溫度快達65℃時,加入奶油起司再打均勻。
7. 取一鋼盆,倒入鮮奶油打發,再和做法6.拌勻。
8. 取一鋼盆,倒入蛋白和另一半的糖打發,再和做法7.拌勻,放入冰淇淋盒中,入冰箱冷凍1小時,即冰淇淋。
9. 取出奶酪,挖一球冰淇淋放在上頭,再撒上做法1.,以新鮮薄荷裝飾即可。

奇異果冰砂
kiwi slush

材料

奇異果2顆、冰塊200克、果糖15c.c.

做法

1. 奇異果去皮,果肉切丁。
2. 將做法1.放入果汁機中。
3. 加入冰塊。
4. 加入果糖。
5. 按下果汁機開關打成泥狀,取出倒入杯中。

Tips

奇異果不可以打太久,最好可以等到最後再加,否則將奇異果的籽打碎後口感會變差。

火龍果冰砂
triangular cactus slush

材料

火龍果1顆、冰塊200克、果糖15c.c.

做法

1. 火龍果去皮,果肉切丁。
2. 將做法1.放入果汁機中。
3. 加入冰塊。
4. 加入果糖。
5. 按下果汁機開關打成泥狀,取出倒入杯中。

Tips

火龍果可以切大丁,在攪打時味道會更好,也才不會打太爛。

酥皮冰淇淋
puff pastry vanilla with ice cream

 材料

冰淇淋：
奶油起司400克、糖75克、蛋白3顆、蛋黃3顆、鮮奶油250c.c.

其他：
酥皮2片

做法

1. 起油鍋，待油溫約160℃，放入酥皮炸，約1分鐘後換面炸，再約1分鐘後取出，用廚房紙巾將油吸乾，一片放入冰淇淋方模中，另一片備用。
2. 取一鋼盆，先放入蛋黃和一半的糖邊隔水加熱邊打至變成乳白色，待溫度快達65℃時，加入奶油起司再打均勻。
3. 取一鋼盆，倒入鮮奶油打發，再和做法2.拌勻。
4. 取一鋼盆，倒入蛋白和另一半的糖打發，再和做法3.拌勻，放入冰淇淋方模中，再將另一塊酥皮覆蓋於上方，放入冰箱冷凍1小時即可取出切片食用。

Tips

1. 冰淇淋可不是只能單吃，他還能搭配酥皮做成冰淇淋餅乾，或放在咖啡裡成為冰淇淋咖啡。
2. 酥皮要炸時不可先退冰，這樣炸起來外觀口感才佳。
3. 辨別160℃油溫的方法：可將竹筷插入油中，發現竹筷上冒出少許泡泡，即160℃油溫。

3 人份

冰梅香雙色蕃茄
baby tomato preserve with plum sauce

材料

醬汁：
黃蕃茄6顆、紅蕃茄6顆、話梅1包、水
100c.c.、糖100克、檸檬汁100c.c.

其他：
新鮮薄荷1支

做法

1. 煮一鍋沸水，放入黃蕃茄、紅蕃茄，
   約1分鐘後取出泡冰水，剝去蕃茄外
   皮，瀝乾水分。

2. 取一鍋，放入話梅、水和糖煮沸，續
   入檸檬汁，再放入做法1.，整鍋放入冰
   箱冷藏1天，即醬汁。

3. 取出做法2.的蕃茄後放入杯中，淋上
   少許做法2.的醬汁，擺上新鮮薄荷裝
   飾即可。

Tips

1. 蕃茄要選硬一點的
   比較好，比較耐
   泡，吃時才不會過
   軟。

2. 蕃茄浸泡時間最少
   為1天，超過3天
   肉質會變Q，可依
   自己喜愛的口感決
   定浸泡的時間。

焦糖燒蘋果
scorched sugar of apple

材料

焦糖：
糖140克、水50c.c.

其他：
蘋果1顆、新鮮薄荷1支

做法

1. 取一鍋，倒入糖100克後加熱（圖1）。
2. 待加熱至焦糖狀後加入水（圖2）。
3. 倒入剩餘的糖40克製成焦糖（圖3）。
4. 放入去皮的蘋果（圖4）。
5. 將鍋子移入200℃的烤箱，邊將焦糖淋至蘋果上，每隔3分鐘將蘋果取出放在盤上淋焦糖再進烤箱烤，重複動作約5次。
6. 最後取出放在盤中，淋些焦糖，擺上新鮮薄荷裝飾即可。

野莓炸水果
deep fried fruits with mixed berry sauce

4人份

材料

醬汁：
野莓100克、水少許、糖15克

麵糊：
蛋黃1顆、麵粉100克、水200c.c.、冰塊120克、糖20克

其他：
蘋果2顆、麵粉少許

做法

1. 取一鍋，放入野莓、水和糖先煮至濃稠狀，再倒入果汁機攪打，倒出過濾，即野莓醬汁。
2. 取一鋼盆，放入蛋黃、水、糖和麵粉拌勻，記得勿拌出筋度，加入冰塊。
3. 蘋果去皮去核後切片，放入鹽水中浸泡一下。
4. 備一約180℃的油鍋，蘋果片沾上麵糊，然後放入油鍋中炸至上色即可取出，濾乾油分。
5. 取一盤子，放入做法4.，淋上野莓醬汁，以新鮮薄荷裝飾即可。

Tips
1. 辨別180℃油溫的方法：可將竹筷插入油中，發現竹筷上冒出很多泡泡，即180℃油溫。
2. 蘋果片先沾麵粉再沾麵糊去炸，炸好的成品比較不會掉麵衣。

綜合水果甜湯
sweet mixed fruits of soup

3人份

材料

白蘭地50c.c.、蘋果1顆、水蜜桃1顆、草莓2顆、柳橙1顆、奇異果1顆、糖50克、水150c.c.、新鮮薄荷1支

做法

1. 柳橙先取黃色的皮切絲，果肉切丁。
2. 蘋果去皮去籽後切丁，水蜜桃去皮後切丁，草莓切丁，奇異果去外皮後切丁。
3. 取一鍋，加入白蘭地先煮至起火，等火停，加入水、糖、水果丁，以小火再煮12分鐘，取出倒入碗中。
4. 放上柳橙皮絲和新鮮薄荷裝飾即可。

紅酒燒洋梨

pear with red wine sauce

材料

紅酒醬汁：
紅酒300c.c.、細砂糖40克

其他：
洋梨1顆、新鮮薄荷1支、肉桂粉少許

做法

1. 取一鍋，倒入紅酒，加熱濃縮至紅酒剩一半（圖1）。
2. 加入糖至濃縮紅酒汁中，即紅酒醬汁（圖2）。
3. 洋梨去皮去籽後加入做法2.中（圖3）。
4. 慢慢熬煮至洋梨吸入紅酒醬汁，變紅且軟透為止（圖4、5）。
5. 取出洋梨，放入盤中，淋上鍋內的紅酒醬汁，撒上肉桂粉，擺上新鮮薄荷裝飾即可。

綜合水果沙巴漾

6人份

mixed fruits with sabayon sauce

材料

沙巴漾醬汁：
蛋黃1顆、白酒100c.c.、糖10克

其他：
芒果1顆、火龍果1顆、草莓2顆、葡萄2顆、奇異果1顆、新鮮薄荷1支

做法

1. 芒果、火龍果、奇異果去皮後和草莓、葡萄全部切丁，放在盤中。
2. 取一鋼盆，放入蛋黃、糖、白酒，置於熱水上打，打至發泡且呈濃稠狀，即沙巴漾醬汁。
3. 將做法2.淋在做法1.上，以新鮮薄荷裝飾即可。

Tips

1. 沙巴漾是指蛋黃加白酒，再隔水加熱打發而成的酒香醬汁。
2. 製做沙巴漾醬汁時，需注意水滾即改小火，攪拌醬汁時不可以停下來，要一次完成，才不會出現顆粒。

3杯 鮮桔甜酒
home make kumquat wine

 材料

桔子600克、糖125克

做法

1. 桔子洗淨切對半。
2. 取一個可密封的筒子,先放入桔子, 再加入糖拌勻,放於室溫3天,再放入 冰箱冷藏3個月即成桔酒。
3. 要喝時,加入新鮮桔子味道更好。

Tips

1. 香桔甜酒必須放於 室溫下且偏乾燥的 地方,可避免外在 水氣導致酒過度發 酵而成為醋。
2. 這道甜點也可以 改用葡萄或酸性 較高、較生的水 果來做,又是另一 種美味。

Chocolate

濃濃巧克力

情人節最常送的巧克力不是只能用買的，

手工巧克力更能打動人心。

不只如此，

你還能以巧克力變化出各種不同的甜點，

今年親愛的他生日，

就來點手工巧克力糬糬吧！

3人份

巧克力糬糬
chocolate mange

材料

糬糬：

苦甜巧克力200克、糬米粉100克、糖20克、水80c.c.、抹茶粉少許

其他：

糖粉適量

做法

1. 苦甜巧克力切成小塊狀。
2. 糬米粉和糖先拌勻（圖1）。
3. 在做法2.中加入水拌勻成糬（圖2）。
4. 取一半做法2.加入抹茶粉搓揉成綠色粉糬，另一半做法2.直接搓揉成白色粉糬。
5. 取適量綠色粉糬和白色粉糬各包入些許苦甜巧克力（圖3）。
6. 將做法5.搓成圓球形（圖4）。
7. 備一鍋沸水，放入做法6.煮到熟且浮起來，取出放在盤中，撒上糖粉即可（圖5）。

Tips 做法7.中，做好的糬糬應該先放涼再撒上糖粉，否則會濕濕糊糊的，影響口感和外型。

手工巧克力
hand make chocolate

材料

苦甜巧克力1塊（1000克）、牛奶500c.c.、可可粉少許、抹茶粉少許、新鮮薄荷1支、草莓2顆

做法

1. 取一鍋，倒入牛奶並加熱至90℃。
2. 將苦甜巧克力隔水加熱至全部融化，續入做法2.拌勻。
3. 取一方模，倒入做法2.，放入冰箱冷凍30分鐘，取出後分別沾上可可粉和抹茶粉，再放入盤中，用草莓及新鮮薄荷裝飾即可。

Tips
1. 所謂隔水加熱，是指將東西先放在一容器中，再放在熱水中去加熱，製作點心如融化巧克力、融化奶油時都使用這個方法。
2. 巧克力在室溫下會變超軟，不用時要放在冰箱裡冷藏保存。
3. 辨別90℃的方法：例如鍋中倒入牛奶，加熱至鍋邊微滾，但中間未滾，即約90℃。

脆皮巧克力水果
mixed fruits inside chocolate

材料

苦甜巧克力1塊（1,000克）、葡萄1串、草莓2粒、香蕉1根、糖粉少許、新鮮薄荷1支

做法

1. 苦甜巧克力先用隔水加熱至全部融化，然後放在熱水上保溫。
2. 水果全部洗淨，香蕉切成一口大小。
3. 準備一個烤肉網或蒸網。
4. 將水果沾滿巧克力後放於網上，放入冰箱冷藏20分鐘，待巧克力變硬，即可取出放於盤中，撒上糖粉，以新鮮薄荷裝飾即可。

Tips
1. 苦甜巧克力因為吃起來較苦但帶微甜，巧克力的成分比較純，所以會帶苦味，但並非以苦度來分。
2. 糖粉和糖不一樣，吃起來較不甜不膩，在超市買得到。

12人份 手工芝麻巧克力脆片
hand make sesame chocolate

材料
苦甜巧克力1塊（1,000克）、烤過的白芝麻少許、烤盤紙1張

做法
1. 苦甜巧克力隔水加熱至全部融化，然後放在熱水上保溫。
2. 準備烤盤紙1張並鋪好，利用湯匙舀做法1.淋在烤盤紙上使成圓形，撒上白芝麻。
3. 將做法2.放入冰箱冷藏約20分鐘，待巧克力變硬後取出，撒上些許白芝麻即可。

Tips
1. 也可以用核果碎取代白芝麻，咀嚼感更不同。
2. 烤過的白芝麻比較香，可以增加巧克力的香味。

綜合口味手工蛋卷

delicately crafted handmade egg rolls

10 人份

材料

奶油115克、細砂糖120克、全蛋3顆、鹽3克、低筋麵粉120克、黑芝麻30克（可可粉3克、抹茶粉3克）

做法

1. 取一鋼盆，倒入奶油，加入細砂糖、鹽拌勻，再分別打入雞蛋。蛋需一個一個打入，直到每個雞蛋打勻才打入下一個。

2. 加入已過篩的低筋麵粉、黑芝麻，輕輕拌勻，置於一旁鬆弛10分鐘，即蛋卷麵糊。（若要變化口味，可以在麵糊中加入可可粉或抹茶粉）

3. 平底鍋燒熱，倒入少許油或奶油，先以大湯匙舀入一匙麵糊，以塑膠板刮成薄片狀。

4. 待麵糊底部凝結且呈金黃色，以鍋鏟慢慢鏟起來，再用擀麵棍捲起，取出棍子，放冷即可。

Tips

1. 這道點心中的做法4.是個重點，記得要控制火力，先以中火再小火煎，多練習幾次就能抓到重點。
2. 另外，還可加入咖啡粉、芋頭香來變化口味。

蜂蜜金黃水果
pan fried fruits with honeysauce

材料

香蕉1根、蘋果1顆、麵粉50克、全蛋2顆、櫻桃白蘭地30c.c.、麵包粉50克、新鮮薄荷葉適量、蜂蜜50c.c.、沙拉油100c.c.

做法

1. 香蕉去皮、蘋果去皮後橫剖切片，中間挖一圓圈，去掉果核，使蘋果成一圓圈片。薄荷葉切絲。
2. 取一鋼盆，倒入全蛋打勻，加入櫻桃白蘭地稍微拌勻。平底鍋燒熱，倒入沙拉油，放入水果，煎到兩面都金黃酥脆，取出用廚房紙巾吸掉油份。
3. 將水果擺入盤中，淋上蜂蜜，撒上薄荷絲即可。

Tips
1. 除了香蕉、蘋果，還可選用其他較脆的水果，像哈密瓜、柿子和硬桃等等。
2. 水果只要煎到金黃色，不用煎太久。另除了蜂蜜，也可以淋上巧克力醬、楓糖醬或自製果醬。

地瓜煎餅
Pan fried sweet potato shortcake

材料

地瓜泥：
地瓜150克、豬油10克、細砂糖20克
油皮：
中筋麵粉200克、糖粉20克、水80c.c.、豬油80克
油酥：
豬油80克、低筋麵粉160克

做法

1. 取一鋼盆，放入已過篩的中筋麵粉，加入糖粉、水和豬油，揉至光滑後置於一旁鬆弛20分鐘，再分割成每個20克的麵糰，即油皮。
2. 另取一鋼盆，放入已過篩的低筋麵粉，加入豬油拌勻成糰，再分割成每個10克的糰，即油酥。
3. 每一個油皮都包入一個油酥，先以擀麵棍擀平，再擀成圓柱，然後將圓柱垂直放，_麵棍與圓柱呈直角將圓柱壓平，然後再捲起，置於一旁鬆弛10分鐘。
4. 地瓜削去外皮後切滾刀塊，放入蒸鍋蒸熟，取出放涼後壓成泥，拌入豬油、細砂糖，再分割成每個20克的地瓜泥。
5. 取鬆弛好的做法3. 包入地瓜泥，揉成圓球狀後壓成扁平。
6. 平底鍋燒熱，倒入少許油，放入做法5.，蓋上鍋蓋，先以小火煎約3分鐘，換面煎約3分鐘，熄火再燜約5分鐘，取出放冷即可食用。

Tips
1. 這道地瓜煎餅要放冷了再吃比較酥脆。油皮揉好時一定要有足夠的鬆弛時間，煎出來時才不會爆開。
2. 油酥在拌時只要成糰就好，別揉太久，否則會太軟不好製作。做法5.中油用抹的就好，不用抹太多，也可抹豬油，煎出來較酥脆。

國家圖書館出版品預行編目資料
不用烤箱做點心：加量不加價版
Ellson的快手甜點／王申長 著.
--初版.--臺北市：朱雀文化，2008
〔民97〕
112面； 公分(COOK50；58)
ISBN 978-986-6780-29-5(平裝)
1.食譜--點心
427.16

不用烤箱做點心 加量不加價版
Ellson 的 快 手 甜 點

COOK50058

作　　者■王申長　攝　影■廖家威‧宋和憬　編輯■彭文怡　校對■連玉瑩　美術編輯 ■鄭雅惠
企畫統籌■李　橘　發行人■莫少閒　出版者■朱雀文化事業有限公司
地　　址■台北市基隆路二段13-1號3樓　電話■(02)2345-3868　傳真■(02)2345-3828
劃撥帳號■19234566 朱雀文化事業有限公司　e-mail■redbook@ms26.hinet.net
網　　址■http://redbook.com.tw　總經銷■展智文化事業股份有限公司
ISBN■978-986-6780-29-5　二版一刷■2008.06　二版三刷■2009.09
定　　價■280元　出版登記■北市業字第1403號

About買書：
●朱雀文化圖書在北中南各書店及誠品、金石堂、何嘉仁等連鎖書店均有販售，如欲購買本公司圖書，
建議你直接詢問書店店員，如果書店已售完，請撥本公司經銷商北中南區服務專線洽詢。北區（02）
2250-8345 中區（04）2426-0486 南區（07）349-7445
●●上博客來網路書店購書（http://www.books.com.tw），可在全省7-ELEVEN取貨付款。
●●●至郵局劃撥（戶名：朱雀文化事業有限公司，帳號：19234566），
掛號寄書不加郵資，4本以下無折扣，5～9本95折，10本以上9折優惠。
●●●●親自至朱雀文化買書可享9折優惠。

朱雀文化事業讀者回函

·感謝購買朱雀文化食譜，重視讀者的意見是我們一貫的堅持；
歡迎針對本書的內容填寫問卷，作爲日後改進的參考。寄送回函時，不用貼郵票喔！

姓名：＿＿＿＿＿＿＿＿＿＿＿　生日：＿＿＿年＿＿＿月＿＿＿日
電話：＿＿＿＿＿＿＿＿＿＿＿　電子郵件信箱：＿＿＿＿＿＿＿＿＿＿

教育程度：□碩士及以上　　　□大專　　　□高中職　　　□國中及以下
職業：　□軍公教　　　□金融保險　　□餐飲業　　　□資訊業　　　□製造業
　　　　□大衆傳播　　□醫護業　　　□零售業　　　□學生　　　□其他

· 購買本書的方式
□ 實體書店
（ □金石堂 □誠品 □何嘉仁 □三民 □紀伊國屋 □諾貝爾 □墊腳石 □page one
　□其他書店 ＿＿＿＿＿＿＿＿ ）
□ 網路書店（□博客來 □金石堂 □華文網 □三民）
□ 量販店（□家樂福 □大潤發 □特力屋）
□ 便利商店（□全家 □7-ELEVEN □萊爾富）
□ 其他 ＿＿＿＿＿＿＿＿＿＿＿

· 購買本書的原因（可複選）
□ 主題　　　□ 作者　　　□ 出版社　　　□ 設計　　　□ 定價　　　□其他

· 最喜歡本書的一道菜是：＿＿＿＿＿＿＿＿＿＿＿＿＿＿
· 最不喜歡本書的一道菜是：＿＿＿＿＿＿＿＿＿＿＿＿
· 認爲本書需要改進的地方是：＿＿＿＿＿＿＿＿＿＿＿
· 還希望朱雀出版哪方面的食譜：＿＿＿＿＿＿＿＿＿＿
· 最喜歡的食譜出版社是：＿＿＿＿＿＿＿＿＿＿＿＿＿
· 曾買過最喜歡的一本食譜是：＿＿＿＿＿＿＿＿＿＿＿

TO：朱雀文化事業有限公司
11052北市基隆路二段13-1號3樓